Dimensionen

Harald Rösner

Vom Atom bis zu den Schwarzen Löchern

Titelbild, „S. Ossokine, A. Buanno
(Max-Planck Institut für Gravitationsphysik),
Simulating eXtreme Spacetime Projekt,
D. Steinhauser (Airborne Hydro Mapping GmbH)"

Dimensionen

Harald Rösner

Vom Atom bis zu den Schwarzen Löchern

Herstellung und Verlag:
BoD-Books on Demand, Norderstedt

ISBN: 978-3-8423-5189-9

Dimensionen

Harald Rösner

Inhalt

Prolog

Was riesig, bedrohlich
oder harmlos, klein
empfindet jeder Mensch
für sich allein,
genau genommen sein Gehirn,
das versteckt unter der Stirn,
durch die Evolution trainiert,
ständig Ansichten der Welt kreiert,
welche uns Informationen geben,
die wir brauchen, um zu überleben.
Wir erahnen dabei
die **Dimensionen**
von der Weite des Kosmos
bis zu den Atomen.
Bewusst wird aber immer nur
ein Ausschnitt der Welt,
indem er bedroht, beglückt,
begeistert, missfällt.
Nachdem Sinnesreize
wiederholt registriert,
werden die Eindrücke integriert
ins Netz unzähliger Neuronen,
die bereit und ohne
sich zu schonen,
wissbegierig und sensibel

durch Neuauflage der Genfibel,
Erlebtes aufsaugen wie
ein Schwamm, abgleichen
und speichern als Engramm.

So kam es, dass viele
Facetten der Welt
einprogrammiert wurden
Feld für Feld,
verschlüsselt und codiert
verpackt durch Modulation
von Synapsenkontakt.

Reaktiviert und wieder bewusst,
begleitet von Freude,
Angst oder Frust,
hat dies zum Denken animiert
über das, was um uns
herum passiert.

Neugierig, oft mit
leichtem Unbehagen,
begann der Mensch,
auch sich selbst
zu hinterfragen.

Seit Menschen denken,
wollen sie Klarheit
über das Leben, den Kosmos,
kurz die Wahrheit.

Philosophie und Meditation,
Schamanenkult und Religion
haben immer versucht,
Antworten zu geben
auf Fragen, die uns Menschen
seit jeher bewegen.
Wie sind wir entstanden,
und wohin werden wir gehen,
wenn die Uhr des Lebens
bleibt plötzlich stehen?

Können wir den Kreislauf
der Natur jemals verlassen,
um in einer neuen **Dimension**
wieder Fuß zu fassen?

All dies blieb trotz
viel versprechender
Überzeugungskraft
seit Menschengedenken
stets rätselhaft.

Erst Neugier und Forschung,
über Generationen tradiert,
haben zur der
Erkenntnis geführt,
dass wir eingebettet in die
natürliche Evolution
von Anfang an leben
in einer **Dimension**,
welche, so hat unser
Gehirn gelernt,
von Atomen und Galaxien
etwa gleich weit entfernt.

Gravitationswellen

Wenn irgendwo im All
Schwarze Löcher kollidieren
und dabei einen Teil
ihrer Masse verlieren,
wird diese lt. Einstein
in Energie transformiert,
die man auch bei uns
auf der Erde noch spürt.
Gravitationswellen
werden entstehen,
die mit Lichtgeschwindigkeit
auf Reise gehen,
sich in alle
Dimensionen ausbreiten
und den Raum dazu verleiten,
sich an der Front der Welle,
d. h. an ihren Rändern,
für einen kurzen Moment
mal zu verändern.

Auch unser Planet
wird darauf reagieren,
ohne allerdings die Balance
zu verlieren,
verändert er seine Form
in winziger **Dimension**,
etwa um ein Zehntel
des Durchmessers
von einem Atom.

Einstein war skeptisch,
dass die Wellen
jemals messbar sind,
jetzt ist es gelungen,
seine Voraussage stimmt.
Mehr noch, seine
Relativitätstheorien
erlauben noch weitere
Schlüsse zu ziehen,
von einem immer
schneller expandierenden All
zurück zu seinem Anfang,
bekannt als Urknall.

Anfang

Manches von dem,
was kurz nach dem
Urknall geschehen,
ist heute nachvollziehbar,
obwohl es niemand gesehen.

Durch Energieverlust,
so hatte Einstein erkannt,
die allererste Materie entstand.
Ein mystischer „Brei", der dann
Stück für Stück
entzaubert wurde durch
die Astrophysik:
Quarks, Neutrinos,
Gluonen, Bosonen,
Elektronen, Photonen,
Neutronen, Protonen….
schwirrten umher im
expandierenden Raum,
Zeit sich auszuruhen,
hatten sie kaum.
Ihre enorme Dichte provozierte,
dass ständig jeder
mit jedem kollidierte.

Als das Universum schon riesig,
war es immer noch richtig
milchig- trüb und undurchsichtig,
da Lichtteilchen, die Photonen
durch die allgegenwärtigen
Elektronen gehindert, sich
geradlinig auszubreiten
in die ausgedehnten
kosmischen Weiten.

Auch Protonen und Neutronen,
immer mehr konzentriert,
wurden zur Kollision provoziert.
So entstanden, denn sie
gesellten sich gerne,
immer mehr atomare Kerne.
Danach kam es immer
häufiger vor, dass
Elektron um Elektron
seine Freiheit verlor,
weil es von einem
Atomkern gebunden,
und damit seine
Bestimmung gefunden.
So entstanden die Atome
Wasserstoff und Helium
und Spuren von Deuterium
und Lithium.

Dieser markante Umbruch in der
kosmischen Evolution
erfolgte nach
380000 Jahren schon.

Photonen konnten nun
geradlinig entweichen,
die Materie begann
auszubleichen,
Licht breitete sich aus
im All vehement,
das Universum wurde kälter
und transparent.

War es anfänglich weiß,
dann gelb-rot,
wurde es sacht
erst purpur und später
schwarz wie die Nacht.

Sterne und Planeten

Das „Dunkle Zeitalter"
war nun so weit,
Hintergrundstrahlung
machte sich breit.
Diese ist bis heute messbar
im gesamten All und
lüftet manches Geheimnis
bis hin zum Urknall.
Als unser Weltall
500 Millionen Jahre alt,
war es inzwischen richtig kalt.
Jetzt entstanden wie durch
kosmische "Renaissance",
infolge vielfacher
Dichte – Imbalance,
aus Urgas durch die
allgegenwärtige Gravitation
lokal und mehr oder weniger
synchron, Kugelsternhaufen
mit über 100000 Sternen,
die sich aber nicht
voneinander entfernen,
sondern um ein Zentrum
wirbeln extrem stabil,
an den äußere Rändern
jedoch ziemlich labil.

Die ältesten Galaxien von
elliptischer Gestalt
sind 12-13 Milliarden Jahre alt.
Sie bestehen aus vielen
Milliarden Sternen
und scheinen sich immer schneller
voneinander zu entfernen.

Bei der Geburt eines Sterns
wird es dermaßen heiß,
dass manches Heliumatom nicht
so recht weiß,
soll ich mich weiter
isoliert genieren
oder lieber mit meinem
Nachbarn fusionieren.
Klar ist, dass alle Elemente,
die wir brauchen zum Leben,
in Sternen entstanden sind,
welch ein Segen.

War ein Riesenstern mal
ausgebrannt, durch Kollaps
ein Neutronenstern entstand.

Dies führte in Sekunden schon
zu einer Supernova-Explosion
und lieferte Tonne um Tonne
Materie, auch für unsere Sonne.
Auch sie begann irgendwann
in der Ferne, sich zu formen aus
Gas und Staub anderer Sterne.

Unsere Sonne, jetzt
4,6 Milliarden Jahre alt,
ist im Innern sehr heiß,
außen relativ kalt.
Für uns auf der Erde
reicht es allemal,
ihre Strahlungsenergie
ist nahezu ideal,
um Leben auf der Erde
zu tolerieren,
es nicht zu verdampfen
oder zu gefrieren.

Da sich nicht alle Materie
im Zentrum konzentriert,
was auch bei der Entstehung
unserer Sonne passiert,
kam es durch die
allgegenwärtige Gravitation
zu weiterer lokaler
Kondensation
von Urgas und Staub
der rotierenden Scheibe.
Die Materie fand überall
dort eine Bleibe, wo die
Verklumpung sehr dicht,
sowie Gravitation und
Fliehkraft im Gleichgewicht.
So wuchs auch unser Planet
heran, der einverleibte,
was er kriegen kann.
Neben Wasserstoff und
Helium im Überfluss
schluckte er schwere
Elemente mit Hochgenuss.
Eisen, Nickel und
Silikat - Material
erwiesen sich als ideal.

Es kam es wie geschrieben
„es werde"
zur verheißungsvollen Geburt
unserer **Erde.**

All das geschah im Verlauf
von etwa 8 Mrd. Jahren,
was uns erst bewusst,
seit unsere Vorfahren
uns ein phantastisches
Gehirn geschenkt,
das durch Evolution gelenkt,
versucht, sich selbst und
die Welt zu ergründen,
um Antworten auf
drängende Fragen zu finden,
nach dem Woher und Wohin
des eigenen Lebens,
denn man möchte nicht glauben,
dass alles vergebens,
auch wenn man spürt,
wir sind ja nur
ein Wimpernschlag
aus Sicht der Natur.

Geht nachts unser Blick zum
Sternenhimmel hinaus,
kommen wir aus dem
Staunen nicht mehr heraus.
10^{22} soll es mindestens geben,
100 Milliarden in der
Milchstraße, wo wir leben.

Man fragt sich manchmal,
was muss alles geschehen,
bis wir einen Stern
überhaupt sehen?

Der Stern sollte leuchten im
dunklen All
wie ein feuerspeiender Ball,
damit in alle Richtungen
Strahlung entsteht,
die mit Lichtgeschwindigkeit
auf Reise geht.

Auf ihren Weg durch
die **Dimensionen**
schaffen es dann vielleicht
genügend Photonen,
nachdem sie die Hornhaut
unserer Augen passiert
und durch die Linse fokussiert,
bis zur Netzhaut vorzudringen,
um den Stäbchen eine
Botschaft zu bringen.
Diese wird vom Sehpigment
gleich absorbiert,
was zur Depolarisierung
der Zellmembran führt.

Auf diese Weise wird
die Lichtenergie,
nur Chemie und Physik
wissen wie,
in Signale transformiert,
die als Frequenz von
Potentialen codiert
erneut auf die Reise gehen,
weil Nervenzellen
sie jetzt verstehen.

Die Botschaft, zeitlich
aufsummiert, wird ins
Großhirn transloziert
und mündet ganz hinten,
d. h. occipetal
in einem spezialisierten Areal.

Die Signale, getrennt
rechts und links registriert,
werden nun zu einem
Bündel zusammengeführt,
alsdann zur Analyse
weitergeleitet und in separaten
Sehzentren aufbereitet.
Ein Bild entsteht mit
Farben, Perspektive
und Konturen und
wird verglichen mit
Gedächtnisspuren.
Nachdem es vollständig
und sinnvoll synthetisiert,
und auch die Gefühlswelt
kurz passiert, sind wir
nah dran, zu verstehen,
was unsere Augen da gesehen,
Erst jetzt, vom
Vorderhirn akzeptiert,
wird der Stern ins
Bewusstsein überführt.

Wir sehen ihn am
Himmel brennen, können
ihn beim Namen nennen,
und haben in Innersten gespürt,
dass er ganz sicher existiert.

Ist es nicht phantastisch,
dass unser Gehirn
ein so weit entferntes
Himmelsgestirn
in den Mikrokosmos
der Moleküle transformiert,
als bekannt oder neu registriert,
bewertet und mit Gefühlen belegt,
uns bewusst macht und
zum Denken anregt?

Wie entstand das Leben?

War es ein molekulares Beben,
das die Urmaterie
mystisch umtrieb
und sich jeder Erklärung
grundsätzlich entzieht?

Oder war es rein
physiko-chemischen
Abläufen geschuldet,
die zwar komplex,
aber zwangsläufig geduldet?

Vielleicht kam das Leben von
weit her aus dem All,
doch das wäre der
unwahrscheinlichste Fall.

Es muss wohl auf der Erde
selbst entstanden sein
in einem Zeitfenster,
das relativ klein.

Da noch vor 4 Mrd. Jahren
Planetoiden in großer Zahl
Mond und Erde bombardierten
zum wiederholten Mal,
war die Erde sehr heiß,
voller Asche und Beben,
und es wohl noch zu früh
für die Entstehung von Leben.

Erst danach ließen
die Einschläge nach,
alles kühlte ab, und
für die Erde brach
ein neues phantastisches
Zeitalter an, jetzt
konnte die Materie
zeigen, was sie kann,
sich organisch zu formen,
komplex zu interagieren,
kurzum, Leben zu kreieren.

Seit kurzem macht die
Sicht die Runde,
entstand das Leben
am Meeresgrunde?
War ein „Schwarzer Raucher",
nachdem alles vorher vergebens,
die Geburtsstätte des Lebens?

Oder waren es Kalkschlote,
800 Meter tief,
in denen heiße alkalische
Lauge, hochreaktiv,
saures, kühles Urmeer,
viele tausend Jahre lang
zu biochemischen
Reaktionen zwang?

Wir können nur vermuten,
wo und was alles
molekular geschehen,
doch wir wissen es nicht,
niemand hat es gesehen.

Aber eines ist sicher
und sonnenklar,
vor gut drei Milliarden
Jahren war das Leben da.

Fossilien, auf 3,4 Milliarden
Jahre datiert, werden
als Bakterien-ähnliche
Formen interpretiert,
die in Dünnschliffen
wie Ketten aussehen,
und deren Zellwände
aus Kohlenstoff bestehen,
welcher ein
Isotopenverhältnis aufweist,
das auch bei heutigen
Organismen zumeist,
da es sich organisch etabliert,
im Zellgerüst gemessen wird.

Es gibt weitere Spuren
des frühen Lebens, diese
zu leugnen, wäre vergebens.
Fossilien in Australien,
Apex-chert, Warra woona,
aus der Figg-Tree-Serie
in Kanada, sowie aus Swaziland
in Transvaal sind Zeugen,
verstreut über den blauen Ball.

Evolution

Erstes Leben, Bakterien
und Archäen, 10^{-6} **Meter** klein,
von einer Membran begrenzt,
isoliert und allein,
bestanden aus Molekülen,
die interagieren, sich
mit der Umwelt austauschen,
Energie transformieren
in eine Form, die als ATP
unser Leben ermöglicht
seit eh und je.
Erst dadurch, dass die Zelle
ATP investiert,
und damit ihre Strukturen
durch Ordnung stabilisiert,
ständig arbeitet, um
Stoffwechsel zu garantieren,
schaffte sie es, gegen die
Entropie nicht zu verlieren.

Allerdings gelang das immer
nur für eine begrenzte Zeit,
denn irgendwann war es
soweit, dass Abnutzung und
fehlender Ersatz dazu führte,
dass das System nicht
mehr gut funktionierte.

Um sich eines Aussterbens
zu erwehren, half nur eines,
sich zu vermehren.
Dazu wurde die
Betriebsanleitung
als Genom codiert,
einmal vollständig kopiert,
und die Kopien,
zunächst noch kohärent,
durch Transport und
Zellteilung getrennt.

So entstanden durch
wiederholtes Klonen
immer neue identische
Generationen.

Allerdings führte
spontane DNA-Mutation
auch immer mal wieder
zu einem veränderten Klon.
Konnte dieser sich der
Konkurrenz erwehren,
gelang es auch ihm
sich zu vermehren.

Dass jedes Leben, auch heute,
ständig trachtet nach
verwertbarer Beute,
hat ebenfalls seinen Ursprung
vor Milliarden Jahren,
als Purpurbakterien
mussten erfahren,
dass kernhaltige Urzellen,
ohne sich zu genieren,
begannen diese zu
phagocytieren.

Bald schon fanden es
einige Räuber angenehm,
nützlich und vor allem bequem,
ihre Beute als Energielieferanten
zu pflegen, was für die
weitere Evolution ein Segen.

Da Sauerstoff,
einst lebensfeindlich,
inzwischen nahezu
unvermeidlich, begünstigte
die Selektion eine
biologisch- kontrollierte
Oxidation.

Beutebakterien zu
Mitochondrien zu reduzieren,
und mit ihnen die
Oxidation zu tradieren,
wurde sofort ein Erfolgsmodell
und verbreitete sich ganz schnell.

**Die erste so geartete Zelle
war in der Evolution die Quelle
aller heterothropher Einzeller,
der Pilze und Tiere,
weshalb ihr alle
Ehrfurcht gebühre,
denn ohne sie hätte es
niemals im Leben,
so etwas wie den
Menschen gegeben.**

Nachdem vergangen einige Zeit,
erschien ein weiteres Produkt
der Gefräßigkeit.

Auch Cyanobakterien
wurden interniert
und zu Organellen degradiert,
die weiterhin in der Lage,
Licht zu transformieren,
Wasser zu spalten und
Sauerstoff zu generieren.

Algen entstanden,
bunt und stark,
und, was neu war,
vor allem autark.

**Als Ursprung aller
höheren Pflanzen,
haben sie später über
verschiedene Instanzen
der Erde eine
Chance gegeben,
die Voraussetzungen
zu schaffen,
auch für unser Leben.**

Erst 2 Mrd. Jahre später wurde
als Selektionsvorteil erkannt,
sich zellulär zu organisieren
als Zellverband und dabei
die Betriebsinformation
zu sichern in einem
separaten Zellklon,
der Keimzellen liefert,
die ihr Genom halbieren,
während sie sich
geschlechtlich differenzieren.

Wurde dann durch Paarung
das Erbgut zusammengeführt,
war so eine
Neukombination garantiert.
Zwar blieb sehr viel
von den Eltern erhalten,
doch auch neue Potenzen
konnten sich entfalten,
falls diese dominant
im Genom fixiert und
programmgemäß realisiert.

So entstand außer durch
spontane Mutationen, die
der DNA ohnehin innewohnen,
durch Neukombination
ein so vielfältiges Leben,
das es ohne Sex
hätte niemals gegeben.

Seit das Alphabet
unserer DNA registriert,
wurden viele Gene identifiziert.
Bei manchen weiß man auch,
wofür sie codieren,
was Chancen eröffnet
zu intervenieren.

Die Gene sind
unser Lebenspotential, wobei
Defekte in der Regel fatal.
Um eine genetische Botschaft
zu aktivieren,
muss die Zelle die
DNA-Sequenz transkribieren,
um sie dann in Proteine
zu übersetzen, welche die
Lebensvorgänge vernetzen.

Damit dies nicht
zum Chaos führt,
werden alle Schritte
abgestimmt reguliert.
Wie wichtig die orts- und
zeitgenaue Regulierung,
zeigt sich u. a. bei der
Zelldifferenzierung,
auf der unsere embryonale
Entwicklung basiert,
und die zeitlebens dazu führt,
dass Zellen und Gewebe
programmgemäß funktionieren,
interagieren und regenerieren.

Dass alles dies möglich
in kleinster **Dimension**,
ist offenbar das Ergebnis
einer Evolution,
die, geprüft an der Realität,
nur Erbgut konserviert,
das als Überlebens-
Software funktioniert.

Zu der Frage,
ob die Regulation der Gene,
die endogen kontrolliert,
auch durch die Umwelt
moduliert wird,
gab es in jüngerer Zeit
manchen Forschungsbericht,
der für die Evolutionstheorie
durchaus von Gewicht.

Danach wird eine
Methylierung der DNA
und von Histonen,
welche weitergereicht
beim mitotischen Klonen,
offenbar durch die Umwelt
embryonal induziert
und ein Leben lang
individuell variiert.
Diese soll im Konzert
der Genregulation,
wie ganz genau,
wer weiß das schon,
oft maßgeblich intervenieren,
und helfen, zu hemmen
oder zu aktivieren.

Erreicht die Methylierung,
wie gezeigt in einigen Fällen,
auch die für die Fortpflanzung
bestimmten Zellen,
wird sie angeblich vererbt
an die nächste Generation,
die dann ausgerüstet mit
dieser neuen **Dimension**,
berufen ist, eine
epigenetische Veränderung
zu tradieren.

**Das würde die synthetische
Evolutionstheorie
revolutionieren.**

Drei Milliarden Jahre
sollten vergehen,
bis endlich vorbei
die kosmischen Wehen,
und das Leben,
wie ein Stammbaum
knorrig und stark,
im Urmeer verwurzelt,
verzweigt und autark,
plötzlich begann
„explosionsartig" auszutreiben,
vor keiner ökologischen Nische
mehr stehen zu bleiben,
alle möglichen Strategien
auszuprobieren und eine
ungeheure Artenvielfalt
zu generieren.

**Inzwischen ist alles Leben
wie ein dichtes Flechtwerk
verwoben, von der
gemeinsamen Wurzel
bis zu uns heute ganz oben,
indem es infolge
spontaner Mutation,
sexueller Neukombination
und Selektion,
epigenetisch moduliert,
und vom Zufall
oftmals profiliert,
aus sich heraus
immer Neues schuf,
sodass der verständliche Ruf
nach einem genialen Designer,
der immer alles bestimmt,
bei kritischer Betrachtung
im Nichts verrinnt.**

Allerdings wurde, durch
vielfältige Selektion diktiert,
die Artenvielfalt immer wieder
stark dezimiert.

Auch wenn das Feuer
des Lebens manchmal
fast erloschen,
war es niemals zu spät,
es entflammte immer wieder
dank seiner Vitalität.
Gelang es einer Art sich
fruchtbar fortzupflanzen,
durfte sie auf der Bühne
des Lebens weitertanzen.

Für uns Menschen
war das kein Problem,
da wir kreativ, neugierig
und zudem,
schon sehr früh erkannt,
wie wichtig Integration
in einem sozialen Verband,
Dort konnte es Schutz und
ausreichend Nahrung geben,
und damit die Chance
zu überleben.
Zwangsläufig wurde so
Sprache als Medium
der Kommunikation,
gepaart mit Empathie
zur wichtigsten Innovation.

Sätze in sinnvollem
Zusammenhang
resultieren ausschließlich
und ohne Zwang
aus Prozessen,
die auch „stilles Sprechen"
lenken, Neurobiologen
nennen das „Denken".

Wenn Gedanken im
Gespräch kommunizieren
und Hirngespinste
sich synchronisieren,
erweitern gemeinsame
Intonationen soziale und
kulturelle **Dimensionen**.

Eine verlängerte Kindheit,
als weitere Innovation,
forcierte durch Lehren
und Lernen die Tradition
von Riten , Kunst ,Technik,
Ideen genialer Erfinder,
kooperative Familienstrukturen
und damit mehr Kinder.

Jetzt kam es in
unserer Evolution
zur Zündung einer
kulturellen „Explosion".

**Vor 10 Tausend Jahren
begann der „run",
seitdem schwillt
die Menschheit pilzartig an
zu einem riesigen
„kosmischen Brot",
von dem ein jeder kostet
zwischen Geburt und Tod
ein winziges,
vierdimensionales Stück.**

**Das ist alles, unsere Liebe,
unser Leid, unser Glück.**

Vom Ei zum Menschen

Ein jeder Mensch
beginnt sehr klein,
einzellig, einsam und allein.

Man fragt sich,
wo in diesem Mikrokosmos
der Moleküle
stecken Persönlichkeit,
Geist, Ratio, Gefühle?

Ist alles, was uns ausmacht,
jetzt schon da,
vielleicht verschlüsselt
in der DNA?
Wenn ja, fragt man sich,
wer hat diese programmiert,
und wie wird das Programm
dann realisiert?

Wie wirkt die Umwelt
auf das entstehende System,
das ja nie isoliert und zudem
nur durch Austausch
und Interaktion funktioniert,
wobei das Genom letztlich
den Spielraum diktiert,
der von den Eltern durch
Zeugung bestimmt,
uns auf Traditionen trimmt,
die sich bewährt in der Evolution,
doch auch neuen Potenzen
durch Genomvariation
eine Bewährungschance geben
für ein einzigartiges Leben.

Doch zurück an den Anfang
in Mutters Schoß,
wo der Mensch erst
Mikro-Meter groß.

Er teilt sich, besteht
nun aus zwei Zellen,
die nur in äußerst seltnen Fällen
fortan getrennte Wege gehen,
wodurch dann Zwillinge entstehen.

Durch wiederholte Zellteilung
wächst alsdann ein
Millimeter großer Keim heran.

Erreicht er den Uterus,
ist er gerettet und
wird vollständig eingebettet.

Bemuttert können die
Stammzellen jetzt
Gene aktivieren, um die
Entwicklung zu initiieren.

Durch Zellteilung, -wanderung
und Induktion entstehen
Zellnester Klon für Klon,
die sich zu Verbänden
organisieren und später
200 Zelltypen differenzieren.

Zur Vorbereitung der
nächsten Schritte
entsteht eine Vertiefung
in der Keimscheibenmitte,
Sie erstreckt sich von
hinten nach vorn
als zentraler Kanal,
jetzt ist der Embryo bilateral.

Die Symmetrie hat allerdings
nicht lange Bestand.
Nachdem Zellen linksseitig
Signale erkannt,
aktivieren sie eine Genkaskade,
die darauf besteht,
dass unser Herz wird später
mal links angelegt.

Die Rinne wird tiefer
durch Zustrom vom Rand,
Zellen lösen sich
aus dem Verband
und wandern alsdann
nach rechts oder links,
wie sie sich entscheiden,
weiß nur die Sphinx.

Sie beginnen, alle Freiräume
zu infiltrieren und sich
mesodermal zu differenzieren.

Der Keimling ist nun
dreifach geschichtet,
seine **Dimensionen**
im Raum ausgerichtet.
Ento-, Meso- und Ektoderm
sind isoliert, oben, unten,
hinten, vorn, rechts
und links fixiert.

Am vorderen Ende
der Primitivrinne
hat ein Areal etwas
Besonderes im Sinne.
Es gehört zum Zentrum
der Organisation,
das seit Urzeiten
in der Evolution
Zellen befiehlt „ quo vadis ",
damit diese formen die
Chorda dorsalis.
Als ein zentraler dünner Sporn
wächst sie fast bis nach vorn.

Im Ektoderm bewirkt
sie eine Induktion.
Die betroffenen Zellen
warteten schon,
werden daraufhin aktiv
und mobil und formen
direkt über der Chorda
ein neues Profil.
Eine Vertiefung entsteht, die
als Neuralrinne perfekt
sich zentral von hinten
bis vorne erstreckt.

In der Folge wird
aus der Rinne ein Rohr,
dieses hat etwas
ganz wichtiges vor:
Der größte Teil wird später
zum Rückenmark,
Umschaltstation
und partiell autark.
Vorne, wo einmal
Nacken und Stirn,
entsteht aus dem
Neuralrohr das Gehirn.

Mit vier Wochen,
manchmal etwas später,
misst das Gehirn
einen **halben Zentimeter**.

Zellulär hat sich allerdings
noch nicht viel getan,
doch jetzt steht auf dem Plan:
Stammzellen bildet Neuronen
verschiedenster Arten,
wir können nun
nicht länger warten.
Ab sofort entstehen immer
mehr junge Neuronen,
bis zu 10.000 pro Minute
in vielen Regionen.

Gleichzeitig differenzieren
sich an den nämlichen Stellen
verschiedene Typen
von Gliazellen.
Sie werden das noch zarte
Gehirn strukturieren,
d. h. mit „Säulen" stabilisieren.
So bilden sich in der
expandierenden Wand
„Fäden", radiär aufgespannt.

Es sind Wanderstrassen
für die Neuronen,
welche, periventrikulär
gerade geboren,
beginnen, um keine Zeit
mehr zu verlieren,
unverzüglich in die
Peripherie zu migrieren,
was genetisch programmiert
zur Anlage von
Nervenzellschichten führt.

Im Neocortex entsteht
eine erste peripher,
die gab es schon bei Reptilien,
das ist lange her.
Zur Bildung weiterer,
werden noch viele
Zellen wandern
und durch die bereits
etablierten Zonen mäandern.

Dies führt zu einer
6-schichtigen
Neocortex-Struktur,
die später, aber bei
uns Menschen nur,
im Stirnlappen zu einen
System ausreift,
das einzigartig ist und
vielleicht begreift,
in welchen **Dimensionen**
das Leben funktioniert,
das uns manchmal
aber auch irritiert.

Ähnlich wie in den
Neocortex-Arealen
besiedeln junge Neuronen
in riesigen Zahlen
auch alle übrigen
Hirnregionen,
und bilden weitere
Nervenzellzonen.

Diese reifen später
zu differenzierten Kernen,
welche durch Verknüpfung
Schritt für Schritt lernen,
Signale von innen und
außen zu analysieren,
zu orten, zu bewerten,
zu interpretieren,
damit wir, wenn
bedrohliche Kräfte walten,
uns schützen und
vorausschauend klug verhalten.

Erst wenn die Neuronen
ihre Wanderung beendet,
ihr Genom neue
Befehle aussendet.
Jede Zelle steigert
jetzt die Materialproduktion,
bildet Zellausläufer,
von denen einer, das Axon,
von einem
Wachstumskegel geführt,
intensiver wächst
und dann privilegiert,
Signale in der
Umgebung erkennt
und dadurch seine
Zielfindung lenkt.

Steuern Axone dasselbe Ziel an,
gesellen sie sich gerne
und wachsen fortan
gebündelt, im Vertrauen
auf einen Pionier,
der vorauseilt und festlegt:
jetzt folget mir.

Am Ziel allerdings
kommt es darauf an,
dass jedes Axon für sich,
so gut es kann,
Zellen findet, die
ihm signalisieren,
mit mir kannst du erste
Kontakte probieren.

Um vielen Neuronen
eine Chance zu bieten,
formen die Zielzellen
verzweigte Dendriten,

Zielkontakt ist für das
suchende Axon essentiell,
denn nur so erhält es
vom Partner schnell
Botschaften, die die Gene
jetzt brauchen,
um nicht in die
Apoptose abzutauchen,
aus der die Neuronen
keinen Ausweg finden
und nach ihrem Tode
klanglos verschwinden.

Nur solche, die zielgenau
Partner gefunden,
werden selektiert
und fortan eingebunden
in ein System, das nach
vorläufiger Paarung
noch funktionell reift durch
Gebrauch und Erfahrung.

Bis zur Geburt sterben
60% der Neuronen wieder ab,
doch keine Angst,
sie werden nicht knapp.
Ein riesiger Überschuss
wird überleben
und uns bis ans Lebensende
die Chance geben,
Verknüpfungen neu zu bilden,
zu intensivieren,
um zu lernen und
plastisch zu reagieren.

Zurück zur Entwicklung,
die nicht pausiert,
sondern Milliarden
weitere Kontakte etabliert,
bis jedes Neuron über
viele dendritische Stellen
verknüpft ist mit
bis zu 10.000 anderen Zellen.
Werden die Kontakte
wiederholt aktiviert,
dies zur Reifung zu
Synapsen führt,
welche über lange Zeit
sensibel und stabil,
bei Nichtgebrauch
werden wieder labil.

Erst wenn viele
Synapsen stabilisiert,
dies zu einer dauerhaften
Bahnung führt.

Für Änderungen ist es
allerdings nie zu spät,
dafür garantiert eine lebenslange
synaptische Plastizität.

Acht Wochen sind nun
erst vorbei, nachdem befruchtet
das winzige Ei.

Zwei Zentimeter misst
der Embryo jetzt,
und im Gehirn ist
schon sehr viel vernetzt.

Cranialnerven wachsen angeregt,
Ohr-, Augen- und
Riechnerven sind angelegt,
erste Spinalnerven
funktionieren schon
und vermitteln auf Berührung
eine Reaktion.

Ab **Woche elf** wächst das
Vorderhirn rasant
und bleibt von jetzt an
absolut dominant.

Mit **15 Wochen** werden
Tastreize lokalisiert,
was zu einem Lagegefühl
im Raume führt.

Anschließend reifen die
Geschmackssinneszellen,
die Geruchswahrnehmung
wird sich dazu gesellen.

Die Nasen-Rachen-
Barriere verschwindet,
sodass der Fötus jetzt
zunehmend empfindet
seine flüssige Umwelt,
die ihn nicht nur trägt,
sondern durch
„Geruchsmoleküle"
langfristig prägt.

Zuckungen als Reaktion
auf einen Knall
zeigen, dass mit **25 Wochen**
auf jeden Fall
starker Lärm, der als
bedrohlich empfunden,
schon in die Reflexmotorik
ist eingebunden.

Ab **Woche 30** wird das
Gehör partiell abgestimmt
und auf die Frequenzen
der Sprache getrimmt.

Da die Mutter sich höchst selten
vom Fötus entfernt,
hat dieser mit **35 Wochen**
ihre Stimme erlernt.

Tast- und Temperatursinn,
Motorik und Ton
sind bei der **Geburt**
nahezu voll in Funktion.
Dies gilt auch fürs Geruchs-
und Geschmacksempfinden
wichtig, um das Kind
an die Mutter zu binden.

Die optische Wahrnehmung
hinkt hinterher,
Hell / Dunkel wird unterschieden,
aber sonst nicht viel mehr,
denn die Netzhaut ist noch nicht
voll differenziert,
obwohl die Sehbahnen
schon gut etabliert.

Das Sehen gewinnt nun aber
stark an Gewicht,
und als erstes erkennt das Kind
der Mutter Gesicht.
Danach wird das Gesicht
mit der Stimme verbunden,
und zudem räumliche
Tiefe empfunden.

Ein Gespür reift heran
für **Dimensionen**,
um auf Dinge zu reagieren,
die sich vielleicht lohnen.
Das Hinwenden zur
Schallquelle zeigt dies an,
denn die Motorik wird simultan
mit der Sensorik fein
abgestimmt, was zunehmend
an Bedeutung gewinnt.

Alles dieses ist nur möglich
in einem System, das sehr
sensibel ist und außerdem, im
Übermaß provisorisch angelegt,
das, wenn es durch
sinnvolle Reize erregt,
funktionelle Verknüpfungen
stabilisiert, überflüssige,
unbenutzte aber eliminiert.

Die optische Wahrnehmung
durchläuft jetzt
eine kritische Zeit,
denn die Sehzentren
sind erst allmählich soweit,
Farben, Formen und
Bewegung zu analysieren,
und daraus ein Abbild der
Umwelt zu synthetisieren.

Am Ende des **dritten
Monats** kommt
wieder eine Zäsur,
die Sicht ist jetzt klar, doch
zweieinhalb Meter weit nur,
Personen werden
auf Fotos erkannt, jetzt
regt sich erster Sachverstand.

Doch auch noch später,
drei Monate danach,
liegt ein großer Hirnbereich
ungenutzt brach,
und ermöglicht immer
komplexeres Lernen,
z.B. wie sich Leute
perspektivisch entfernen,
oder Größenverhältnisse
einzubeziehen
sowie das Unterscheiden
von Kategorien.

Mit **6 Monaten** greift das
Kind recht zielgerichtet
nach Dingen, die es
nur kurz hat gesichtet.
Mehr noch, ertastet es
einen Ring mit der Hand,
wird dieser später
allein optisch erkannt.
Jetzt heißt es
„Greifen und Begreifen"
wobei wieder
unzählige Synapsen reifen.
Durch Krabbeln und Robben
wird es noch besser gehen,
Voraussetzung dafür ist
gutes räumliches Sehen.

Mit **8-12 Monaten** wird
unterschieden zwischen
Namen und Gesichtern,
bösen und lieben.

„Joint Attention" markiert
den Beginn des
„Kulturellen Lernens",
die Welt mit menschlichen
Augen zu sehen,
und vielleicht auch
unsere Evolution zu verstehen.

Jetzt gilt es, Sprechen zu lernen,
Symbole zu interpretieren,
denn ohne das wird man
im Leben verlieren.

Für **eineinhalb Jährige** aber
ist das keine Frage:
„Ich versteh` ja schon viel,
auch wenn ich's nicht sage".

Läuft die Sprechmotorik
erst richtig an,
lernt das Kind 20 Worte
pro Woche und fortan
werden neue Denkprozesse
artikuliert und durch
Hinterfragung diskutiert.

Bevor es alle merken,
ist das eigene „Ich"
längst erkannt,
und ein Schirm zum
Selbstschutz aufgespannt.

Auch in den folgenden
zwei Jahren wird das Gehirn
viele Eindrücke bewahren,
durch intensives Lernen,
assoziatives Begreifen
in großem Tempo weiter reifen,
indem es neue
Fortsätze myelinisiert
synaptisch verknüpft
und durch Gebrauch fixiert.

Mit etwa **drei Jahren**
ist die Grundstruktur perfekt,
mal sehen, was an Potenzen
noch in ihr steckt.

Wurde bisher kaum
Langzeitgedächtnis konsolidiert,
wird im Hippocampus
das Erlebte jetzt neu sortiert,
um es langfristig
abrufbar zu speichern
und den Reaktionsspielraum
dadurch anzureichern.
Emotionen, Angst, Freude,
Stimmungen zu spüren,
versucht die Amygdala
auszuprobieren.
Alles gelingt noch nicht gut
mit diesen Kernen allein,
denn der präfrontale Cortex
ist noch immer „offline".

Zum Ausgleich
mancher Gedächtnispanne
verlängert die Formatio reticularis
die Aufmerksamkeitsspanne.

Spätestens mit **vier Jahren**
ist es dann soweit,
das Gehirn ist für
die Langzeitspeicherung bereit.
Kreativität hat es längst
geschafft, Passivität zu besiegen,
allerdings beginnt jetzt auch
das Täuschen und Lügen.
Erforschen und Probieren,
jedes Kind will verstehen
und wartet nun auf mit
seinen eigenen Ideen.

Gene und Umwelt haben
bisher das ihre getan,
damit der junge Mensch
mit vollem Elan
erwartungsvoll in die
Schulzeit eintaucht.
Er hat jetzt alles,
was ein „Rohling" braucht,
Kapazität, Energie,
Neugier und Lust
- bisweilen aber auch
ziemlichen Frust -,
um zu erfahren, zu trainieren,
sich zu formen,

Werte zu erkennen
und soziale Normen,
um kompetent und
voller Vertrauen
selbstbewusst an
seiner Zukunft zu bauen.

So nähert sich die Teenagerzeit,
das Gehirn voll aktiv
und allzeit bereit.

Jetzt wird auch
der „Balken" myelinisiert,
was zur besseren Abstimmung
der Hemisphären führt.
Die Signalleitung erfolgt
mit immer höherer Frequenz,
all das führt zur Steigerung
der Intelligenz.
Die Großhirnrinde muss
allerdings noch weiter reifen,
um Sinnfälligkeit
und Konsequenzen
vorab zu begreifen.
Ihre Kontrollsignale
kommen oft noch zu spät,
ein Grund für zu
rasches Entscheiden
und Impulsivität.

Dies verstärkt sich noch als,
wie aus einer Drohne,
es plötzlich regnet
Sexualhormone.

Im präfrontalen Cortex kommt es
dadurch bald schon
zu einer erheblichen
Neuorganisation.
Viele Verknüpfungen
werden wieder gelöst,
die Nervenendigungen
somit entblößt,
frische Kontakte werden
gesucht und gefunden,
der Neocortex mit Basalganglien
und Amygdala partiell
neu verbunden.

Die Reorganisation,
hormonell induziert,
wird von den Genen gesteuert
und nervös moduliert

Während dieser Prozess
seine Zeit dauert,
so manche psychische
Gefährdung lauert.
Erst wenn die Großhirnrinde
voll integriert,
dies zur Stabilisierung von
Emotionen und Gefühlen führt.

Obwohl nach der Pubertät
der Mensch nun gereift,
sein Gehirn erst ab jetzt
allmählich begreift,
dass die Welt weit komplexer
als bisher erfahren,
deshalb ist angesagt
in den kommenden Jahren,
sich theoretisch und praktisch
zu qualifizieren,
um im Konkurrenzkampf
nicht zu verlieren.

Schließlich entspricht das
der Motivation,
die unser Überleben gesichert
im Lauf der Evolution.

Mit Neugier und Ausdauer
kann es gelingen,
das Gehirn noch weiter
voran zu bringen,
und Konzentration, Urteilskraft,
Intellekt zu steigern
ohne sich der Gefühlswelt
zu verweigern.

Dabei hilft, dass
auch die Emotionen
erweitern ihre **Dimensionen**.
Nachdem sie bewertet
nach Freude und Frust,
werden sie im Neocortex
schließlich bewusst.

Dieser ist inzwischen
unüberschaubar vernetzt,
50 Milliarden Nervenzellen
übernehmen ab jetzt
die Kontrolle über alles,
was wir tun oder lassen,
ob wir fürsorglich lieben
oder todbringend hassen.
Er ist der Sitz
unserer Persönlichkeit,
die uns erhalten bleibt
hoffentlich lange Zeit.

Dass unser Gehirn so
fantastisch funktioniert,
was uns als „Krone der
 Schöpfung" privilegiert,
betrachten viele als
übersinnlichen Lohn,
ist aber wohl eher
reine Evolution.

Mit **25 Jahren** ist
der Leistungsgipfel erklommen,
und unweigerlich die
Zeit nun gekommen,
Fähigkeiten und
Erfahrung anzuwenden,
ohne Toleranz, Empathie,
Menschlichkeit auszublenden.
Kopf und Verstand,
Bauch und Gefühl
geben uns Halt
und Orientierung
im „Lebensgewühl"
Unser Gehirn macht
noch lange mit,
indem es uns rät:
„Sei geistig und körperlich aktiv,
es ist niemals zu spät,
zu erkennen, zu lernen,
zu begreifen, zu erspüren,
man muss mich auch
im hohen Alter
nur richtig provozieren".

Vielleicht führen
dann noch einmal
frische geistige Wehen
zur spontanen Geburt
grandioser **Ideen**.

Wo ist unser Platz im Kosmos?

Auch wenn manche Idee,
die einen umtreibt,
ungelöst im Dunkeln verbleibt,
spornt sie uns an,
unsere Neugier zu schärfen,
Dogmen über Bord zu werfen,
brennenden Fragen nachzuspüren
und mit kritischer Sorgfalt
zu interpretieren,
um einen Bogen zu spannen
von den Atomen bis in die
kosmischen **Dimensionen**,
wobei wir nur fühlen,
ahnen und denken,
was unsere Sinne ins
Bewusstsein lenken
und durch Kommunikation
und Erfahrung verifiziert,
sich als die für uns
reale Welt kristallisiert.

Es mussten erst einige
Tausend Jahre vergehen,
um als gesichert anzusehen,
dass die gesamte kosmische Welt
weit mehr ist als Erde, Mond,
Sonne und Himmelszelt.

Unsere Heimat wurde,
was verständlich,
im Zentrum gesehen,
ist aber „nur" ein Planet
in einem Sonnensystem,
weit draußen am Rand
einer Galaxie,
die infolge Dunkler Energie,
so habe wir erst kürzlich gelernt,
sich von ihren Nachbarn
immer schneller entfernt.

Auch unsere Sonne ist nur einer
von Milliarden Sternen,
die um Zentren rotieren,
ohne sich kennen zu lernen.

Da zudem die Fliehkraft
in randständiger Position
offenbar größer ist
als die Gravitation,
muss es noch etwas geben
in Raum und Zeit, das
Galaxien Stabilität verleiht.

Eine Lösung hatte man
schnell gefunden:
Alles sei in
Dunkle Materie eingebunden.

„Dunkle Materie,
elektromagnetisch inert,
umhüllt alles Sichtbare
wie Dunstschweiß das Pferd."

Lassen wir unseren Blick
in die Ferne schweifen,
fällt es uns immer
schwerer zu begreifen,
in welche **Dimensionen**
das dunkle All
expandiert aus dem Nichts
seit dem Urknall,
wie unzählige Sternhaufen,
Spiralnebel, Galaxien
seit Milliarden Jahren
ihre Bahnen ziehen,
rotieren, kollidieren, explodieren,
und wieder neu kondensieren.

Wenn Sterne ein
Schwarzes Loch übersehen,
ist es sehr schnell
um sie geschehen.
Sie verschwinden
in einem gierigen Schlund,
man fragt sich,
ist das wirklich gesund?

Die Gier hat manche Löcher
zu Giganten werden lassen
durch den Verzehr
unzähliger Sonnenmassen.

Wenn Schwarze Löcher
dann kollidieren,
wird in alle Richtungen
Energie expandieren.

Da die **Dimensionen**
des Kosmos so riesig weit,
vergeht oft eine lange Zeit,
bis wir, manchmal erst
nach Milliarden Jahren,
von einer solchen
Kollision erfahren.

Dieser Zeitverzug gilt für alles,
was wir im All messen oder sehen,
da es immer schon
viel früher geschehen.

Als aus dem Nichts
der Raum geboren,
wurde zugleich die Zeit erkoren,
die als **4. Dimension** diktiert,
was war, was ist und künftig wird.
Als unbestechlicher Begleiter,
bleibt sie nicht stehen,
geht ständig weiter.

Wir Menschen prägen
auf der Skala
dieser kosmischen Uhr
wohl kaum eine nachhaltige Spur.

Es sei denn, es gibt nach
unserer irdischen Zeit
ein Weiterleben in der Ewigkeit.

Um Enttäuschungen zu vermeiden,
sollten wir uns jedoch bescheiden,
auf das was wir
persönlich erfahren
in den uns geschenkten Jahren,
auf das, was messbar,
logisch und verifiziert
zu einer neuen Erkenntnis geführt,
die ihrerseits zur
Hinterfragung anregt,
aber gilt, solange sie
nicht widerlegt.

So konnte die Forschung
jetzt erstmals nachweisen,
was für Einstein selbst
ein heißes Eisen,
dass sich auch
Gravitationswellen ausbreiten
in alle Richtungen
der kosmischen Weiten.

Da sie zu einer Verformung
des Raumes führen,
sind sie sogar bei uns
noch zu spüren.
Auch wenn die Auslenkung
nur minimal,
ist das unserem Gehirn egal,
es kann bis in die
kleinsten **Dimensionen**
vordringen, sie
vermessen und auf einen
Zahlenstrahl zwingen.

Allerdings sollte man
dabei nicht vergessen,
dass, wenn wir in extremen
Dimensionen messen,
unsere Neuronen
Neuland sondieren,
und wir immer
nur einen Ausschnitt
der realen Welt spüren.

Gelänge es, bis ganz nah
an die Grenzen zu gehen,
wird der Mensch wohl
trotzdem niemals verstehen,
was am Anfang des Seins
dazu geführt,
dass nicht nichts, sondern
überhaupt etwas existiert.

Bleibt dann noch die Frage,
wo wir uns selber sehen.

Wo ist unser Platz
im Weltgeschehen?

Nach vier Milliarden
Jahren Evolution
stehen wir da,
und nach und nach erst
wurde uns klar,
dass alles, was wir sind,
empfinden oder fühlen,
resultiert aus der Interaktion
von Trilliarden Molekülen,
die durch Kooperation von
gut hundert Atomen
verlässlich funktioniert in den
kleinsten Dimensionen.

Ist es nicht ein Wunder,
wie dieses molekulare Beben,
immer wieder kreiert neues
menschliches Leben?

Leben, das einst winzig
entstand auf einem
großen blauen „Ball",
der selbst nur ein „Staubkorn"
im riesigen All?

War es Zufall,
oder sollte es so geschehen,
dass wir in der Mitte
der Dimensionen stehen?

Nachhall

Wenn abends schleicht
heran ganz sacht
aus der Tiefe des Alls
die dunkle Nacht,
beginnt ein Stern
nach dem anderen zu glühen,
als würde der Himmel
Funken sprühen.
Wir glauben, obwohl sie so fern,
sie haben uns bestimmt sehr gern.
Wie ist es sonst zu erklären,
dass sie unsere Phantasie ständig
nähren, wir in ihnen Signale
des Schicksals sehen,
die aus fernen Sphären
kommen und gehen.
Wir brauchen die Sterne
als Wächter des Lebens,
gäbe es sie nicht,
wäre ja alles vergebens.
Ihr Licht ist Zeugnis
der Dimensionen
von Schwarzen Löchern
bis zu Atomen.
Jeden Abend lassen sie uns spüren,
wo wir Menschen diese
Dimensionen berühren.